从零开始学技术—建筑装饰装修工程系列

幕墙制作工

张海英　主编

中国铁道出版社

2012 年·北　京

内容提要

本书是按住房和城乡建设部、劳动和社会保障部发布的《职业技能标准》和《职业技能岗位鉴定规范》的内容，结合农民工实际情况，将农民工的理论知识和技能知识编成知识点的形式列出，系统地介绍了幕墙制作工操作技术、幕墙构件加工、金属板和石材加工、半成品的保护、幕墙制作工安全操作等。本书技术内容先进、实用性强，文字通俗易懂，语言生动，并辅以大量直观的图表，能满足不同文化层次的技术工人和读者的需要。

本书可作为建筑业农民工职业技能培训教材，也可供建筑工人自学以及高职、中职学生参考使用。

图书在版编目(CIP)数据

幕墙制作工/张海英主编. —北京：中国铁道出版社，2012.6
(从零开始学技术. 建筑装饰装修工程系列)
ISBN 978-7-113-13511-9

Ⅰ.①幕… Ⅱ.①张… Ⅲ.①幕墙—工程施工 Ⅳ.①TU767

中国版本图书馆 CIP 数据核字(2011)第 178397 号

书　名：	从零开始学技术—建筑装饰装修工程系列	
	幕墙制作工	
作　者：	张海英	
策划编辑：	江新锡	
责任编辑：	曹艳芳	电话：010—51873017
助理编辑：	曹　旭	
封面设计：	郑春鹏	
责任校对：	孙　玫	
责任印制：	郭向伟	

出版发行：中国铁道出版社(100054，北京市西城区右安门西街 8 号)
网　　址：http://www.tdpress.com
印　　刷：北京市燕鑫印刷有限公司
版　　次：2012 年 6 月第 1 版　2012 年 6 月第 1 次印刷
开　　本：850 mm×1168 mm　1/32　印张：2.125　字数：50 千
书　　号：ISBN 978-7-113-13511-9
定　　价：7.00 元

前　言

随着我国经济建设飞速发展,城乡建设规模日益扩大,建筑施工队伍不断增加,建筑工程基层施工人员肩负着重要的施工职责,是他们依据图纸上的建筑线条和数据,一砖一瓦地建成实实在在的建筑空间,他们技术水平的高低,直接关系到工程项目施工的质量和效率,关系到建筑物的经济和社会效益,关系到使用者的生命和财产安全,关系到企业的信誉、前途和发展。

建筑业是吸纳农村劳动力转移就业的主要行业,是农民工的用工主体,也是示范工程的实施主体。按照党中央和国务院的部署,要加大农民工的培训力度。通过开展示范工程,让企业和农民工成为最直接的受益者。

丛书结合原建设部、劳动和社会保障部发布的《职业技能标准》和《职业技能岗位鉴定规范》,以实现全面提高建设领域职工队伍整体素质,加快培养具有熟练操作技能的技术工人,尤其是加快提高建筑业基层施工人员职业技能水平,保证建筑工程质量和安全,促进广大基层施工人员就业为目标,按照国家职业资格等级划分要求,结合农民工实际情况,具体以"职业资格五级(初级工)"、"职业资格四级(中级工)"和"职业资格三级(高级工)"为重点而编写,是专为建筑业基层施工人员"量身订制"的一套培训教材。

同时,本套教材不仅涵盖了先进、成熟、实用的建筑工程施工技术,还包括了现代新材料、新技术、新工艺和环境、职业健康安全、节能环保等方面的知识,力求做到技术内容先进、实用,文字通俗易懂,语言生动,并辅以大量直观的图表,能满足不同文化层次的技术工人和读者的需要。

本丛书在编写上充分考虑了施工人员的知识需求,形象具体地阐述施工的要点及基本方法,以使读者从理论知识和技能知识两方面掌握关键点。全面介绍了施工人员在施工现场所应具备的技术及其操作岗位的基本要求,使刚入行的施工人员与上岗"零距离"接口,尽快入门,尽快地从一个新手转变成为一个技术高手。

从零开始学技术丛书共分三大系列,包括:土建工程、建筑安装工程、建筑装饰装修工程。

土建工程系列包括:

《测量放线工》、《架子工》、《混凝土工》、《钢筋工》、《油漆工》、《砌筑工》、《建筑电工》、《防水工》、《木工》、《抹灰工》、《中小型建筑机械操作工》。

建筑安装工程系列包括:

《电焊工》、《工程电气设备安装调试工》、《管道工》、《安装起重工》、《通风工》。

建筑装饰装修工程系列包括:

《镶贴工》、《装饰装修木工》、《金属工》、《涂裱工》、《幕墙制作工》、《幕墙安装工》。

本丛书编写特点:

(1)丛书内容以读者的理论知识和技能知识为主线,通过将理论知识和技能知识分篇,再将知识点按照【技能要点】的编写手法,读者将能够清楚、明了地掌握所需要的知识点,操作技能有所提高。

(2)以图表形式为主。丛书文字内容尽量以表格形式表现为主,内容简洁、明了,便于读者掌握。书中附有读者应知应会的图形内容。

编者
2012 年 3 月

目 录

第一章 幕墙制作工操作技术 ……………………………… (1)

第一节 下料操作技术 ……………………………………… (1)
【技能要点 1】下料切割技术 ……………………………… (1)
【技能要点 2】铝板下料技术 ……………………………… (3)
第二节 材料加工操作技术 ………………………………… (5)
【技能要点 1】冲切技术 …………………………………… (5)
【技能要点 2】钻孔技术 …………………………………… (6)
【技能要点 3】锣榫加工技术 ……………………………… (8)
【技能要点 4】铣加工技术 ………………………………… (9)
第三节 组装技术 …………………………………………… (10)
【技能要点 1】铝板组件制作 ……………………………… (10)
【技能要点 2】组角作业 …………………………………… (11)
【技能要点 3】门窗组装作业 ……………………………… (13)
【技能要点 4】清节及粘框作业 …………………………… (15)
【技能要点 5】注胶技术 …………………………………… (16)
【技能要点 6】多点锁安装 ………………………………… (18)

第二章 幕墙构件加工 ……………………………………… (20)

第一节 一般构件加工 ……………………………………… (20)
【技能要点 1】基本规定 …………………………………… (20)
【技能要点 2】铝型材加工 ………………………………… (20)
【技能要点 3】钢构件加工 ………………………………… (25)
【技能要点 4】玻璃加工 …………………………………… (29)

第二节　复杂构建加工 ……………………………………（34）

【技能要点1】明框幕墙组件加工 ………………………（34）

【技能要点2】隐框幕墙组件加工 ………………………（36）

【技能要点3】单元式玻璃幕墙构件加工 ………………（39）

【技能要点4】玻璃幕墙构件检验 ………………………（41）

第三章　金属板和石材加工、半成品的保护 …………………（42）

第一节　金属板加工 ………………………………………（42）

【技能要点1】单层铝板加工 ……………………………（42）

【技能要点2】复合铝板加工 ……………………………（43）

【技能要点3】蜂窝铝板加工 ……………………………（44）

第二节　石材加工 …………………………………………（46）

【技能要点1】选料 ………………………………………（46）

【技能要点2】加工 ………………………………………（48）

第三节　半成品的保护 ……………………………………（50）

【技能要点1】保护方法 …………………………………（50）

【技能要点2】保护措施 …………………………………（51）

第四章　幕墙制作工安全操作 …………………………………（53）

第一节　环境职业健康安全规程 …………………………（53）

【技能要点1】幕墙环境职业健康安全规程 ……………（53）

第二节　其他相关安全操作规程 …………………………（56）

【技能要点1】临边作业的安全防护要求 ………………（56）

【技能要点2】高处作业的安全防护要求 ………………（57）

【技能要点3】施工现场临时用电的要求 ………………（58）

参考文献 …………………………………………………………（60）

第一章　幕墙制作工操作技术

第一节　下料操作技术

【技能要点1】下料切割技术

1. 准备

认真阅读图纸及工艺卡片,熟悉掌握其要求。如有疑问,应及时向负责人提出。

图纸组成

(1)图纸目录。

(2)设计说明。

(3)平面图(主平面图、局部平面图、预埋件平面图)。

(4)立面图(主立面图、局部立面图)。

(5)剖面图(主剖面图、局部剖面图)。

(6)节点图。

1)立柱、横梁主节点图。

2)立柱和横梁连接节点图。

3)开启扇连接节点图。

4)不同类型幕墙转接节点图。

5)平面和立面、转角、阴角、阳角节点图。

6)封顶、封边、封底等封口节点图。

7)典型防火节点图。

8)典型防雷节点图。

9)沉降缝、伸缩缝和抗震缝的处理节点图。

10)预埋件节点图。

11)其他特殊节点图。

(7)零件图。

2. 检查设备

(1)检查油路及润滑状况,按规定进行润滑。

(2)检查气路及电气线路,气路无泄漏,电气元件灵敏可靠。

(3)检查冷却液,冷却液量足够,喷嘴不堵塞且喷液量适中。

(4)调整锯片进给量,应与材料切割要求相符。

(5)检查安全防护装置,应灵敏可靠。

设备检查完毕应如实填写"设备点检表"。如设备存在问题,不属工作者维修范围的,应尽快填写"设备故障修理单"交维修班,通知维修人员进行维修。

3. 下料操作工艺

(1)检查材料,其形状及尺寸应与图纸相符,表面缺陷不超过标准要求。

(2)放置材料并调整夹具,要求夹具位置适当,夹紧力度适中。材料不能有翻动,放置方向及位置符合要求。

(3)当天切割第一根料时应预留 10～20 mm 的余量,检查切割质量及尺寸精度,调整机器达到要求后才能进行批量生产。

(4)产品自检。每次移动刀头后进行切割时,工作者须对首件产品进行检测,产品须符合以下质量要求:

1)擦伤、划伤深度不大于氧化膜厚度的 2 倍;擦伤总面积不大于 500 mm^2;划伤总长度不大于 150 mm;擦伤和划伤处数不超过 4 处。

2)长度尺寸允许偏差。立柱:±1.0 mm;横梁:±0.5 mm。

3)端头斜度允许偏差:−15′～0°。

切割设备介绍

主要介绍一下角接口切割机的性能及特性。

1. 性能

(1)此半自动型接口切割机,性能更优越;

(2)最大切割范围(宽×高):185 mm×185 mm;

(3)接口切割宽度:300 mm;

(4)进给速度:1～4 m/min;

　　(5)型材定位角度:30°-90°-45°;

　　(6)转速:2880 r/min;

　　(7)双向锯刀均可作垂直及水平方向的斜锥切割;

　　(8)水平方向锯刀可倾斜转动:45°-90°-45°;

　　(9)垂直方向锯刀可倾斜转动:60°-90°-25°(后-中-前)。

　　2. 优越特性

　　(1)型材被定位夹紧后,切割头方可运作;

　　(2)配有切割安全防护罩,同时由双手控制操作板;

　　(3)此接口切割机同时可用作复合式斜锥切割机,以降低加工成本

　　(4)电机驱动锯刀的进给+电子显示器。

　　3. 标准配置

　　(1)1(套)×气动式垂直、水平夹具;

　　(2)2(件)×电机(3.0 kW,380 V,50 Hz):

　　(3)2(件)×TCT 锯刀(直径 500 mm);

　　(4)1(件)×操作控制台。

　　4)截料端不应有明显加工变形,毛刺不大于 0.2 mm。

　　(5)如产品自检不合格时,应进行分析,如系机器或操作方面的问题,应及时调整或向设备工艺室反映。对不合格品应进行返修,不能返修时,应向班长汇报。

　　(6)首件检测合格后,则可进行批量生产。

　　4. 工作后

　　(1)工作完毕,及时填写"设备运行记录",并对设备进行清扫,在导轨等部位涂上防锈油。

　　(2)关机。关闭机器上的电源开关,拉下电源开关,关闭气阀。

　　(3)及时填写有关记录。

　　【技能要点 2】铝板下料技术

　　(1)按规定穿戴整齐劳动保护用品(工作服、鞋及手套)。

　　(2)认真阅读图纸,理解图纸,核对材料尺寸。如有疑问,应立

即向负责人提出。

(3)按操作规程认真检查铝板机各紧固件是否紧固,各限位、定位挡块是否可靠。空车运行两三次,确认设备无异常情况。否则,应及时向负责人反映。

(4)将待加工铝板放置于料台之上,并确保铝板放置平整,根据工件的加工工艺要求,调整好各限位、定位挡块的位置。

(5)进行初加工,留出 3～5 mm 的加工余量,调整设备使加工的位置、尺寸符合图纸要求后再进行批量加工。

(6)加工好的产品应按以下标准和要求进行自检:

1)长宽尺寸允许偏差。

长边≤2 m 时:3.0 mm;

长边>2 m 时:3.5 mm。

2)对角线偏差要求。

长边≤2 m 时:3.0 mm;

长边>2 m 时:3.5 mm。

3)铝板表面应平整、光滑,无肉眼可见的变形、波纹和凹凸不平。

4)单层铝板平面度。

长边≤1.5 m 时:≤3.0 mm;

长边>1.5 m 时:≤3.5 mm。

5)复合铝板平面度。

长边≤1.5 m 时:≤2.0 mm;

长边>1.5 m 时:≤3.0 mm。

6)蜂窝铝板平面度。

长边≤1.5 m 时:≤1.0 mm;

长边>1.5 m 时:≤2.5 mm。

7)检查频率:批量生产前5件产品全检,批量生产中按5%的比例抽检。

(7)下好的料应分门别类地贴上标签,并分别堆放好。

(8)工作结束后,应立即切断电源,并清扫设备及工作场地,做好设备的保养工作。

第二节　材料加工操作技术

【技能要点1】冲切技术

冲切技术作业,见表1—1。

表1—1　冲切技术

项　目	内　容
准　备	认真阅读图纸及工艺卡片,熟悉掌握其要求。如有疑问,应及时向负责人提出
检查设备	(1)检查冷却液及润滑状况,润滑状况良好,冷却液满足要求。 (2)检查电气开关及其他元件,开关、控制按钮及行程开关等电气元件的动作应灵敏可靠。 (3)检查冲模和冲头的安装,应能准确定位且无松动。 (4)检查定位装置,应无松动。 (5)开机试运转,检查刀具转向是否正确,机器运转是否正常
加工操作工艺	(1)选择符合加工要求的冲模和冲头,安装到机器上,并调整好位置,同时调整冷却液喷嘴的方向。 注意:刀具定位装置要锁紧,以免刀具走位造成加工误差。 (2)检查材料。材料形状尺寸应与图纸相符,并检查上道工序的加工质量,包括尺寸精度及表面缺陷等应符合质量要求。 (3)装夹材料。材料的放置应符合加工要求。 (4)加工。初加工时先用废料加工,然后根据需要调整刀具位置直至符合要求,才能进行批量生产。 (5)每批料或当天首次开机加工的首件产品工作者须自行检测,产品须符合以下质量要求: 1)擦伤、划伤深度不大于氧化膜厚度的2倍;擦伤总面积不大于500 mm²;划伤总长度不大于150 mm;擦伤和划伤处数不大于4处。 2)毛刺不大于0.2 mm。 3)榫长及槽宽允许偏差为-0.5~0 mm,定位允许偏差为+0.5 mm。 (6)如产品自检不合格时,应进行分析,如系机器或操作方面的问题,应及时调整或向设备工艺室反映。对不合格品应进行返修,不能返修时应向负责人汇报。 (7)产品自检合格后,方可进行批量生产

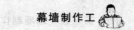

续上表

项 目	内 容
工作后	(1)工作完毕,对设备进行清扫,在导轨等部位涂上防锈油。 (2)关机。关闭机器上的电源开关,拉下电源开关,关闭气阀。 (3)及时填写有关记录

【技能要点2】钻孔技术

钻孔技术作业,见表1—2。

表1—2　钻孔技术

项 目	内 容
准 备	认真阅读图纸及工艺卡片,熟悉掌握其要求。如有疑问,应及时向负责人提出
检查设备	(1)检查气路及电气线路。气路应无泄漏,气压为6~8 Pa,电气开关等元件灵敏可靠。 (2)检查润滑状况及冷却液量。 (3)检查电机运转情况。 (4)开机试运转,应无异常现象
加工操作 工艺	(1)检查材料。材料形状尺寸应与图纸相符,并检查上道工序的加工质量,包括尺寸及表面缺陷等。 (2)放置材料并调整夹具。夹具位置适当,夹紧力度适中;材料不能有翻动,放置位置符合加工要求。 (3)调整钻头位置、转速、下降速度以及冷却液的喷射量等。 (4)加工。初加工时下降速度要慢,待加工无误后方能进行批量生产。 (5)每批料或当天首次开机加工的首件产品工作者须自行检测,产品须符合以下质量要求: 1)擦伤、划伤深度不大于氧化膜厚度的2倍;擦伤总面积不大于500 mm²;划伤总长度不大于150 mm;擦伤和划伤处数不大于4处。 2)毛刺不大于0.2 mm。 3)孔位允许偏差为±0.5 mm,孔距允许偏差为±0.5 mm,累计偏差不大于±1.0 mm。

续上表

项　目	内　容
加工操作 工艺	（6）如产品自检不合格时，应进行分析，如系机器或操作方面的问题，应及时调整或向设备工艺室反映。对不合格品应进行返修，不能返修时应向负责人汇报。 （7）产品自检合格后，方可进行批量生产
工作后	（1）工作完毕，对设备进行清扫，在导轨等部位涂上防锈油。 （2）关机。关闭机器上的电源开关，拉下电源开关，关闭气阀。 （3）及时填写有关记录

钻孔设备介绍

1. 独特性能

（1）此六头多头钻头，结构稳固，床身长 6 300 mm，可加工长度 6 000 mm。

（2）六个钻头可由控制台，控制独立地操作（可选配件）。

（3）机床的 X 轴方向稳定平直，Y、Z 轴方向操作轨道平阔。

（4）三个轴向分别由手轮和毫米量度尺控制调节。

（5）加工范围：150 mm。

（6）最大型材高度：250 mm，可附工具夹具。

（7）最大加工深度：120 mm，可附多个钻头。

（8）配有深度定位器及气动式水平型材夹具。

（9）电机功率：1 kW，380 V，50 Hz，主轴转速：3 000 r/m。

2. 标准配件

（1）1（套）型材 X 轴方向零位定位器。

（2）6（套）冷却喷雾装置。

3. 配套配件

（1）6（套）5 头钻头自动式进给装置。

（2）6（套）电控无级转速控制装置，可调节范围：1 500～5 500 mm。

（3）6（套）电子控制加工行程显示装置，加工精度可达：±0.1 mm。

（4）6（套）气动式垂直型材夹具。

（5）6（套）4 轴钻头，轴间距 22～122 mm，最大加工深度 8 mm。

【技能要点3】锣榫加工技术

锣榫加工技术作业,见表1—3。

表1—3　锣榫加工技术

项　目	内　容
准　备	认真阅读图纸及工艺卡片,熟悉掌握其要求。如有疑问,应及时向负责人提出
检查设备	(1)检查冷却液及润滑状况,润滑状况良好,冷却液满足要求。 (2)检查电气开关及其他元件,开关、控制按钮及行程开关等电气元件的动作应灵敏可靠。 (3)检查铣刀安装装置,应能准确定位且无松动。 (4)检查定位装置,应无松动。 (5)开机试运转,检查刀具转向是否正确,机器运转是否正常
加工操作工艺	(1)选择符合加工要求的铣刀,安装到机器上,并调整好位置,同时调整冷却液喷嘴的方向。 注意:刀具定位装置要锁紧,以免刀具走位造成加工误差。 (2)检查材料。材料形状尺寸应与图纸相符,并检查上道工序的加工质量,包括尺寸精度及表面缺陷等应符合质量要求。 (3)装夹材料。材料的放置应符合加工要求。 (4)加工。初加工时应有2~3 mm的加工余量,或先用废料加工,然后根据需要调整刀具位置直至符合要求,才能进行批量生产。 (5)每批料或当天首次开机加工的首件产品工作者须自行检测,产品须符合质量要求: 1)擦伤、划伤深度不大于氧化膜厚度的2倍;擦伤总面积不大于500 mm²;划伤总长度不大于150 mm;擦伤和划伤处数不大于4处。 2)毛刺不大于0.2 mm。 3)榫长及槽宽允许偏差为-0.5~0 mm,定位允许偏差为±0.5 mm。 (6)如产品自检不合格时,应进行分析,如系机器或操作方面的问题,应及时调整或向设备工艺室反映。对不合格品应进行返修,不能返修时应向负责人汇报。 (7)产品自检合格后,方可进行批量生产

续上表

项　目	内　容
工作后	(1)工作完毕,对设备进行清扫,在导轨等部位涂上防锈油。 (2)关机。关闭机器上的电源开关,拉下电源开关,关闭气阀。 (3)及时填写有关记录

【技能要点4】铣加工技术

铣加工技术作业,见表1—4。

表1—4　铣加工技术

项　目	内　容
准　备	认真阅读图纸及工艺卡片,熟悉掌握其要求。如有疑问,应及时向负责人提出
检查设备	(1)检查设备润滑状况,应符合要求。 (2)检查电气开关及其他元件,动作应灵敏可靠。 (3)冷却液量应足够。 (4)检查设备上的紧固件应无松动。 (5)开机试运转,设备应无异常
加工操作工艺	(1)按加工要求选择模板和刀具,安装到设备上。 (2)检查材料。材料形状尺寸应与图纸相符,并检查上道工序的加工质量,包括尺寸精度及表面缺陷等应符合质量要求。 (3)调整铣刀行程及喷嘴位置。 (4)加工。初加工时应先用废料加工或留有1~3 mm的加工余量,然后根据需要进行调整,直至加工质量符合要求,才能进行批量生产。 (5)每批料或当天首次开机加工的首件产品工作者须自行检测,产品须符合以下质量要求: 　1)擦伤、划伤深度不大于氧化膜厚度的2倍;擦伤总面积不大于500 mm²;划伤总长度不大于150 mm;擦伤和划伤处数不大于4处。 　2)毛刺不大于0.2 mm。 　3)孔位允许偏差为±0.5 mm,孔距允许偏差为±0.5 mm,累计偏差不大于±1.0 mm。 　4)槽及豁的长、宽尺寸允许偏差为:0~+0.5 mm,定位允许偏差为±0.5 mm。

项　目	内　容
加工操作工艺	（6）如产品自检不合格时．应进行分析，如系机器或操作方面的问题，应及时调整或向设备工艺室反映。对不合格品应进行返修，不能返修时应向负责人汇报。 （7）产品自检合格后，方可进行批量生产
工作后	（1）工作完毕，对设备进行清扫，在导轨等部位涂上防锈油。 （2）关机。关闭机器上的电源开关，拉下电源开关，关闭气阀。 （3）及时填写有关记录

第三节　组装技术

【技能要点 1】铝板组件制作

（1）认真阅读图纸，理解图纸，核对铝板组件尺寸。

（2）检查风钻、风批及风动拉铆枪是否能够正常使用。

（3）检查组件（包括铝板、槽铝、角铝等加工件）尺寸、方向是否正确、表面是否有缺陷等。

（4）将铝板折弯，达到图纸尺寸要求。

（5）在槽铝上贴上双面胶条，然后按图纸要求粘贴在铝板的相应位置并压紧。

（6）用风钻配制铝板与槽铝拉铆钉孔。

（7）用风动拉铆枪将铝板和槽铝用拉铆钉拉铆连接牢固。

（8）将角铝（角码）按图纸尺寸与相应件配制并拉铆连接牢固。

（9）工作者须按以下标准对产品进行自检：

1）复合板刨槽位置尺寸允差±1.5 mm；刨槽深度以中间层的塑料填充料余留 0.2～0.4 mm 为宜；单层板折边的折弯高度差允许±1 mm。

2）长宽尺寸偏差要求。

①长边≤2 m：3.0 mm；

②长边＞2 m:3.5 mm。

3)对角线偏差要求。

①长边≤2 m:3.0 mm;

②长边＞2 m:3.5 mm。

4)角码位置允许偏差 1.5 mm,且铆接牢固;组角缝隙≤2.0 mm。

5)铝板表面应平整、光滑,无肉眼可见的变形、波纹和凹凸不平,铝板无严重表观缺陷和色差。

6)单层铝板平面度。

①长边≤2 m:≤3.0 mm;

②长边＞2 m:≤5.0 mm。

7)复合铝板平面度。

①长边≤2 m:≤2.0 mm;

②长边＞2 m:≤3.0 mm。

8)蜂窝铝板平面度。

①长边≤2 m:≤1.0 mm;

②长边＞2 m:≤2.0 mm。

(10)出现以下问题时,工作者应及时处理,处理不了时立即向负责人反映:

1)长宽尺寸超差:返修或报废。

2)对角线尺寸超差:调整、返修或报废。

3)表面变形过大或平整度超差:调整、返修或报废。

4)铝板与槽铝或角铝铆接不实:钻掉重铆,铆接时应压紧。

5)组角间隙过大:挫修、压实后铆紧。

(11)工作完毕,应清理设备及清扫:工作场地,做好工具的保养工作。

【技能要点2】组角作业

(1)认真阅读图纸,理解图纸,核对框(扇)料尺寸。如有疑问,应立即向负责人提出。

(2)检查组角机气源三元件,并按规定排水、加润滑油和调整压力至工作压力范围内。具体检查项目为：

1)气路无异常,气压足够。

2)无漏气、漏油现象。

3)在润滑点上加油,进行润滑。

4)液压油量符合要求。

5)开关及各部件动作灵敏。

6)开机试运转无异常。

(3)选择合适的组角刀具,并牢固安装在设备上。

(4)调整机器,特别是调整组角刀的位置和角度。挤压位置一般距角 50 mm,若不符,则调整到正确位置。

(5)空运行 1～3 次,如有异常,应立即停机检查,排除故障。

(6)检查各待加工件是否合格,是否已清除毛刺,是否有划伤、色差等缺陷,所穿胶条是否合适。

(7)组角(图纸如有要求,组角前在各连接处涂少量窗角胶,并在撞角前再在角内垫上防护板),并检测间隙。

(8)组角后应进行产品自检。每次调整刀具后所组的首件产品工作者须自行检测,产品须符合以下质量要求：

1)对角线尺寸偏差。

①长边≤2 m:≤2.5 mm;

②长边＞2 m:≤3.0 mm。

2)接缝高低差:≤0.5mm。

3)装配间隙:≤0.5 mm。

4)对于较长的框(扇)料;其弯曲度应小于相关规定,表面平整,无肉眼可见的变形、波纹和凹凸不平。

5)组装后框架无划伤,各加工件之间无明显色差,各连接处牢固,无松动现象。

6)整体组装后保持清洁,无明显污物。产品质量不合格,应返修。如系设备问题,应向设备工艺室反馈。

(9)工作结束后,切断电(气)源,并擦洗设备及清扫工作场地。做好设备的保养工作。

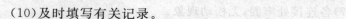

（10）及时填写有关记录。

【技能要点 3】门窗组装作业

（1）认真阅读图纸，理解图纸，核对下料尺寸。如有疑问，应及时向负责人提出。

（2）准备风批、风钻等工具，按点检要求检查组角机。发现问题应及时向负责人反映。

（3）清点所用各类组件（包括标准件、多点锁等），并根据具体情况放置在相应的工作地点。

（4）检查各类加工件是否合格，是否已清除毛刺，是否有划伤、色差等缺陷。

（5）对照组装图，先对部分组件穿胶条。

（6）配制相应的框料或角码。

（7）按先后顺序由里至外进行组装。

（8）组角（组角前在各连接处涂少量窗角胶，并在撞角前再在窗角内垫上防护板）。

（9）焊接胶条。

（10）装执手、铰链等配件。

（11）装多点锁。

（12）在接合部、工艺孔和螺栓孔等防水部位涂上耐候胶以防水渗漏。

（13）产品自检。工作者应对组装好的产品进行全数检查。组装好的产品应符合以下标准：

1）对角线控制。

①长边≤2 m：≤2.5 mm；

②长边＞2 m：≤3.0 mm。

2）接缝高低差：≤0.5 mm。

3）装配间隙：≤0.5 mm。

4）组装后的框架无划伤。

5）各加工件之间无明显色差。

6）多点锁及各五金件活动自如，无卡住等现象。

7)各连接处牢固,无松动现象。

8)各组件均无毛刺、批锋等。

9)密封胶条连接处焊接严实,无漏气现象。

10)对于较长的框(扇)料,其弯曲度应小于规定,表面平整,无肉眼可见的变形、波纹和凹凸不平。

11)整体组装后保持清洁,无明显污物。

(14)对首件组装好的窗痢(或门扇)须进行防水检验。方法为:用纸张检查扇与框的压紧程度,或直接用水喷射,检查是否漏水。

(15)组装好的产品应分类堆放整齐,并进行产品标识。

(16)工作结束后,立即切断电(气)源,并擦拭设备及清扫工作场地,做好设备的保养工作。

(17)出现以下问题时应及时处理:

1)加工件毛刺未清、有划伤或色差较大:返修或重新下料制作。

2)对角线尺寸超差:调整或返修。

3)组角不牢固:调整组角机或反馈至设备工艺室进行处理后再进行组角。

4)锁点过紧:调整多点锁紧定螺栓或锉修滑动槽。

5)连接处间隙过大:返修或在缝隙处打同颜色的结构胶。

6)漏水:进行调整,直到合格为止,然后按已经确认合格的产品的组装工艺进行组装。

(18)工作完毕,及时填写有关记录并清扫周围环境卫生。

组框机具介绍

1. 性能

(1)气动式推动操作。

(2)可升降式型材背靠支座。

(3)可上下调整式双夹角头。

(4)气动式型材夹具。

(5)配有操作安全防护罩。

(6)双头脚踏板气动操作,安全简便。

2. 标准配置

(1)2(件)×可旋转式型材支撑架。

(2)3(组)×夹刀:1组厚3 mm、1组厚5 mm、1组厚7 mm。

(3)2(件)×型材背靠支座;厚度分别为15 mm、30 mm。

(4)2(件)×气动式垂直型材夹。

【技能要点4】清节及粘框作业

(1)认真阅读、理解图纸,核对玻璃、框料及双面胶条的尺寸是否与图纸相符。如有疑问,应立即向负责人提出。

(2)所用的清洁剂须经检验部门检查确认。同时,可将清洁剂倒置进行观察,应无混浊等异常现象。

(3)按以下标准检查上道工序的产品质量:

1)对角线控制。

①长边≤2 m:≤2.5 mm。

②长边>2 m:≤3.0 mm。

2)接缝高低差控制:≤0.5 mm。

3)装配间隙控制:≤0.5 mm。

检查过程中如发现问题,应及时处理,解决不了时,应立即向负责人反映。

(4)撕除框料上影响打胶的保护胶纸。

(5)用"干湿布法"(或称"二块布法")清洁框料和玻璃:将台格的清洁剂倒入干净而不脱毛的白布后,先用沾有清洁剂的白布清洁粘贴部位,接着在溶剂未干之前用另一块干净的白布将表面残留的溶剂、松散物、尘埃、油渍和其他脏物清除干净。禁止用抹布重复沾入溶剂内,已带有污渍的抹布不允许再使用。

(6)在框料的已清洁处粘贴双面胶条。

(7)将玻璃与框对正,然后粘贴牢固。

(8)玻璃与铝框偏差≤1 mm。

(9)玻璃与框组装好后,应分类摆放整齐。

(10)粘好胶条及玻璃后因设备等原因未能在 60 min 内注胶,应取下玻璃及胶条,重新清洁后粘胶条和玻璃,然后才能注胶。

(11)工作完毕清扫场地。

【技能要点5】注胶技术

(1)注胶房内应保持清洁,温度在 5 ℃～30 ℃之间,湿度在 45%～75%之间。

(2)按注胶机操作规程及点检项目要求检查设备。点检项目为:

1)检查气源气路,气压应足够,且无泄漏现象。

2)检查润滑装置应作用良好。

3)各开关动作灵活。

4)各仪表状态良好。

5)检查空气过滤器。

6)出胶管路及接头无泄漏或堵塞。

7)胶枪使用正常。

8)开机试运转,出胶、混胶均正常,无其他异常现象。

(3)检查上道工序质量。玻璃与铝框位置偏差应不大于 1 mm,双面粘胶不走位,框料及玻璃的注胶部位无污物。

(4)清洁粘框后须在 60 min 内注胶,否则应重新清洁粘框。

(5)确认结构胶和清洁剂的有效使用日期。

(6)配胶成分应准确,白胶与黑胶的质量比例应为 12:1(或按结构胶的要求确定比例),同时进行"蝴蝶试验"及拉断试验,符合要求后方可注胶。

(7)注胶过程中应时刻观察胶的变化,应无白胶或气泡。

(8)注胶后应及时刮胶,刮胶后胶面应平整饱满,特别注意转角处要有棱角。

(9)出现以下问题时,应及时进行处理:

1)出现白胶:应立即停止注胶,进行调整。

2)出现气泡:应立即停止注胶,检查设备运行状况和黑、白胶的状态,排除故障后方可继续进行。

(10)工作完毕或中途停机 15 min 以上，必须用白胶清洗混胶器。

　　(11)及时填写"注胶记录"。

　　(12)清洁环境卫生。

注胶机具介绍

　　1. 操作要点

　　(1)注胶是幕墙加工生产的关键工序，经培训合格的人员才允许操作注胶机。

　　(2)开机之前必须检查各开关是否在"停"位置，各仪表指示值在"0"位置，各连接件是否连接紧固，各润滑点是否需加注润滑油。

　　(3)启动注胶机，观察各仪表示值是否在规定示值范围，各连接件是否有泄漏现象。

　　(4)采用"蝴蝶试验"检验黑、白胶的混合情况，确认混合正常之后方可正式注胶，工作过程中，注意观察设备运行情况，注胶、混胶情况。

　　(5)工作完毕，中途休息，因故需停机时间超过 10 min 者，必须用白胶清洗混胶器，清洗干净后方可停机。

　　2. 使用注意事项

　　(1)注胶过程往往会出现"白胶"，主要原因是：①注胶机的工作压力过高，注胶机往往会出"白胶"；②胶泵的单向阀不能关闭；③注胶枪的单向阀复位弹簧过紧；④阀门、活塞磨损过大引起内泄漏过大；⑤胶枪堵塞(主要是注胶器的螺旋棒)等，实际工作中要多加分析、辨别，以便对症下药。

　　(2)注胶过程中有时胶枪中会出现"噼噼啪啪"的爆破声，或胶中出现气泡，这主要是提长一压胶装置的问题，其一可能是压胶盖放入桶中时没有排放完桶内的空气；其二可能是提升缸的活塞，端盖等处的密封元件已经失效，压胶盖无法紧压胶面而使空气漏入，胶泵抽空，从而使输出的胶体中混入空气。

【技能要点 6】多点锁安装

（1）认真阅读图纸，理解图纸，核对窗（或门）框料尺寸及多点锁型号及锁点数量。

（2）准备风钻、风批等工具。

（3）清点所用组件，并放置于相应的工作地点备用。

（4）先将锁点铆接到相应的连动杆上。

（5）清除钻孔等产生的毛刺。

（6）安装多点锁。按先内后外，先中心后两边的顺序组装各配件。先装入主连动杆，并将其与锁体相连接。

（7）装入转角器及其他连动杆，并将固定螺栓拧紧。固定大转角器时，应将锁调到平开位置（大转角器的伸缩片上有两个凸起的点，旁边有一方框，将那两个点调到方框的中间位置）。

（8）锁的所有配件上的螺栓，其头部须拧紧至与配件的表面平齐。

（9）定铰链位置时，需保证安装在它端头的活页与窗扇（或门扇）的边缘相距 1 mm 左右（活页上的螺栓孔须与铰链上的螺栓孔对齐）；活页尽可能只装一次，如反复拆装将会对其上的螺纹造成损坏。

（10）安装把手，检查多点锁的安装效果。要求组装后其松紧程度适中，无卡涩现象。如出现以下问题，应及时处理：

1）锁开启过紧：修整连接杆及槽内的毛刺，调整固定螺栓的松紧程度。

2）锁点位置不对：对照图纸进行检查修正。

（11）为保证产品在运输途中不被碰伤，窗锁及合页等高出扇料表面的配件暂不安装，把手在检查多点锁安装效果后应拆除，到工地后再安装。

（12）产品自检。

1）每件产品均须检查多点锁的安装效果。

2）首件产品须装到框上，检查多点锁的安装效果和扇与框的配合效果,并检查扇与框组装后的防水性能。如不符合要求,应调整直至合格,然后按此合格品的组装工艺进行批量组装。

　　3)批量组装时按 5％的比例抽查扇与框的配合效果。

　　(13)工作完毕,打扫周围环境卫生。

第二章　幕墙构件加工

第一节　一般构件加工

【技能要点1】基本规定

（1）玻璃幕墙在加工制作前应与土建设计施工图进行核对，对已建主体结构进行复测，并应按实测结果对幕墙设计进行必要调整。

（2）加工幕墙构件所采用的设备、机具应满足幕墙构件加工精度要求，其量具应定期进行计量认证。

（3）采用硅酮结构密封胶黏结固定隐框玻璃幕墙构件时，应在洁净、通风的室内进行注胶，且环境温度、湿度条件应符合结构胶产品的规定；注胶宽度和厚度应符合设计要求。

（4）除全玻幕墙外，不应在现场打注硅酮结构密封胶。

（5）单元式幕墙的单元组件、隐框幕墙的装配组件均应在工厂加工组装。

（6）低辐射镀膜玻璃应根据其镀膜材料的黏结性能和其他技术要求，确定加工制作工艺；镀膜与硅酮结构密封胶不相容时，应除去镀膜层。

（7）硅酮结构密封胶不宜作为硅酮建筑密封胶使用。

【技能要点2】铝型材加工

（1）玻璃幕墙的铝合金构件的加工应符合下列要求：

1）铝合金型材截料之前应进行校直调整。

2）横梁长度允许偏差为±0.5 mm，立柱长度允许偏差为±1.0 mm，端头斜度的允许偏差为−15′（图2—1、图2—2）。

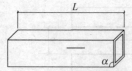

图 2—1 直角截料

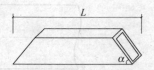

图 2—2 斜角截料

3)截料端头不应有加工变形,并应去除毛刺。

4)孔位的允许偏差为 ±0.5 mm,孔距的允许偏差为 ±0.5 mm,累计偏差为 ±1.0 mm。

5)铆钉的通孔尺寸偏差应符合现行国家标准《紧固件铆钉用通孔》(GB/T 152.1—1988)的规定。

6)沉头螺钉的沉孔尺寸偏差应符合现行国家标准《紧固件沉头用沉孔》(GB/T 152.2—1988)的规定。

7)圆柱头、螺栓的沉孔尺寸应符合现行国家标准《紧固件圆柱头用沉孔》(GB/T 152.3—1988)的规定。

8)螺栓孔的加工应符合设计要求。

(2)玻璃幕墙铝合金构件中槽、豁、榫的加工应符合下列要求:

1)铝合金构件槽口尺寸(图 2—3)允许偏差应符合表 2—1 的要求。

图 2—3 槽口示意图

表 2—1 槽口尺寸允许偏差(单位:mm)

项 目	a	b	c
允许偏差	+0.5 0.0	+0.5 0.0	±0.5

2)铝合金构件豁口尺寸(图 2—4)允许偏差应符合表 2—2 的要求。

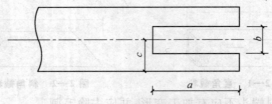

图 2—4　豁口示意图

表 2—2　豁口尺寸允许偏差(单位:mm)

项　目	a	b	c
允许偏差	+0.5 0.0	+0.5 0.0	±0.5

3)铝合金构件榫头尺寸(图 2—5)允许偏差应符合表 2—3 的要求。

图 2—5　榫头示意图

表 2—3　榫头尺寸允许偏差(单位:mm)

项　目	a	b	c
允许偏差	0.0 -0.5	0.0 -0.5	±0.5

(3)玻璃幕墙铝合金构件弯加工应符合下列要求:

1)铝合金构件宜采用拉弯设备进行弯加工。

2)弯加工后的构件表面应光滑,不得有皱折、凹凸、裂纹。

铝合金材料介绍

(1)玻璃幕墙采用铝合金材料的牌号所对应的化学成分应符合现行国家标准《变形铝及铝合金化学成分》(GB/T 3190—2008)的有关规定,铝合金型材质量应符合现行国家标准《铝合金建筑型材》(GB/T 5237.1~5—2004)的规定,型材尺寸允许偏差应达到高精级或超高精级。

（2）玻璃幕墙工程使用的铝合金型材,应进行壁厚、膜厚、硬度和表面质量的检验。

1）用于横梁、立柱等主要受力杆件的截面受力部位的铝合金型材壁厚实测值不得小于 3 mm。

壁厚的检验,应采用分辨率为 0.05 mm 的游标卡尺或分辨率为 0.1 mm 的金属测厚仪在杆件同一截面的不同部位测量,测点不应少于 5 个,并取最小值。

2）铝合金型材采用阳极氧化、电泳涂漆、粉末喷涂、氟碳漆喷涂进行表面处理时,应符合现行国家标准《铝合金建筑型材》（GB/T 5237.1～5—2004）规定的质量要求。

检验膜厚,应采用分辨率为 0.5 μm 的膜厚检测仪检测。每个杆件在装饰面不同部位的测点不应少于 5 个,同一测点应测量 5 次,取平均值,修约至整数。

3）玻璃幕墙工程使用 6063T5 型材的韦氏硬度值,不得小于 8,6063AT5 型材的韦氏硬度值,不得小于 10。

硬度的检验,应采用韦氏硬度计测量型材表面硬度。型材表面的涂层应清除干净,测点不应少于 3 个,并应以至少 3 点的测量值,取平均值,修约至 0.5 个单位值。

4）铝合金型材表面质量,应符合下列规定:

①型材表面应清洁,色泽应均匀。

②型材表面不应有皱纹、起皮、腐蚀斑点、气泡、电灼伤、流痕、发黏以及膜（涂）层脱落等缺陷存在。表面质量的检验,应在自然散射光条件小,不使用放大镜,观察检查。

（3）用穿条工艺生产的隔热铝型材,其隔热材料应使用 PA66GF25（聚酰胺 66＋25 玻璃纤维）材料,不得采用 PVC 材料。用浇注工艺生产的隔热铝型材,其隔热材料应使用 PUR（聚氨基甲酸乙酯）材料。连接部位的抗剪强度必须满足设计要求。

（4）与玻璃幕墙配套用铝合金门窗应符合现行国家标准《铝合金门窗》（GB/T 8478—2008）的规定。

（5）与玻璃幕墙配套用附件及紧固件应符合下列现行国家标准的规定:

《地弹簧》(QB/T 2697—2005);《平开铝合金窗执手》(QB/T 3886—1999);《铝合金窗不锈钢滑撑》(QB/T 3888—1999);《铝合金门插销》(QB/T 3885—1999);《铝合金窗撑挡》(QB/T 3887—1999);《铝合金门窗拉手》(QB/T 3889—1999);《铝合金窗锁》(QB/T 3890—1999);《铝合金门锁》(QB/T 3891—1999);《闭门器》(QB/T 2698—2005);《推拉铝合金门窗用滑轮》(QB/T 3892—1999);《紧固件—螺栓和螺钉通孔》(GB/T 5277—1985);《十字槽盘头螺钉》(GB/T 818—2000);《紧固件机械性能 螺栓、螺钉和螺柱》(GB/T 3098.1—2010);《紧固件机械性能 螺母 粗牙螺纹》(GB/T 3098.2—2000);《紧固件机械性能 螺母 细牙螺纹》(GB/T 3098.4—2000);《紧固件机械性能—自攻螺钉》(GB/T 3098.5—2000);《紧固件机械性能 不锈钢螺栓、螺钉和螺柱》(GB/T 3098.6—2000);《紧固件机械性能 不锈钢螺母》(GB/T 3098.15—2000)。

(6)幕墙采用的铝合金板材的表面处理层厚度及材质应符合现行行业标准《建筑幕墙》(GB/T 21086—2007)的有关规定。

(7)铝合金幕墙应根据幕墙面积、使用年限及性能要求,分别选用铝合金单板(简称单层铝板)、铝塑复合板、铝合金蜂窝板(简称蜂窝铝板);铝合金板材应达到国家相关标准及设计的要求,并应有出厂合格证。

(8)根据防腐、装饰及建筑物的耐久年限的要求,对铝合金板材(单层铝板、铝塑复合板、蜂窝铝板)表面进行氟碳树脂处理时,应符合下列规定:

1)氟碳树脂含量不应低于 75% ;海边及严重酸雨地区,可采用三道或四道氟碳树脂涂层,其厚度应大于 $40~\mu m$;其他地区,可采用两道氟碳树脂涂层,其厚度应大于 $25~\mu m$ 。

2)氟碳树脂涂层应无起泡、裂纹、剥落等现象。

(9)单层铝板应符合下列现行国家标准的规定,幕墙用单层铝板厚度不应小于2.5mm。

1)《一般工业用铝及铝合金板、带材第 1 部分:一般要求》(GB/T 3880.1—2006)。

2)《一般工业用铝及铝合金板、带材第 2 部分：力学性能》（GB/T 3880.2—2006）。

3)《一般工业用铝及铝合金板、带材第 3 部分：尺寸偏差》（GB/T 3880.3—2006）。

4)《变形铝及铝合金牌号表示方法》（GB/T 16474—1996）。

5)《变形铝及铝合金状态代号》（GB/T 16475—1996）。

(10)铝塑复合板应符合下列规定：

1)铝塑复合板的上下两层铝合金板的厚度均应为 0.5 mm，其性能应符合现行国家标准《建筑幕墙用铝塑复合板》（GB/T 17748—2008)规定的外墙板的技术要求；铝合金板与夹心层的剥离强度标准值应大于 7 N/mm。

2)幕墙选用普通型聚乙烯铝塑复合板时，必须符合现行国家标准《建筑设计防火规范》（GB 50016—2006)和《高层民用建筑设计防火规范》（GB 50045—1995)(2005 版)的规定。

(11)蜂窝铝板应符合下列规定：

1)应根据幕墙的使用功能和耐久年限的要求，分别选用厚度为 10 mm、12 mm、15 mm、20 mm 和 25 mm 的蜂窝铝板。

2)厚度为 10 mm 的蜂窝铝板应由 1 mm 厚的正面铝合金板、0.5～0.8 mm 厚的背面铝合金板及铝蜂窝黏结而成；厚度在 10 mm 以上的蜂窝铝板，其正背面铝合金板厚度均应为11 mm。

【技能要点 3】钢构件加工

(1)平板型预埋件加工精度应符合下列要求：

1)锚板边长允许偏差为±5 mm。

2)一般锚筋长度的允许偏差为＋10 mm，两面为整块锚板的穿透式预埋件的锚筋长度的允许偏差为＋5 mm，均不允许负偏差。

3)圆锚筋的中心线允许偏差为±5 mm。

4)锚筋与锚板面的垂直度允许偏差为 $I_s/30$（I_s 为锚固钢筋

长度,单位为 mm)。

(2)槽型预埋件表面及槽内应进行防腐处理,其加工精度应符合下列要求:

1)预埋件长度、宽度和厚度允许偏差分别为＋10 mm、＋5 mm和＋3 mm,不允许负偏差;

2)槽口的允许偏差为＋1.5 mm,不允许负偏差;

3)锚筋长度允许偏差为＋5 mm,不允许负偏差;

4)锚筋中心线允许偏差为±1.5 mm;

5)锚筋与槽板的垂直度允许偏差为 $I_s/30$(I_s 为锚固钢筋长度,单位为 mm)。

(3)玻璃幕墙的连接件、支承件的加工精度应符合下列要求:

1)连接件、支承件外观应平整,不得有裂纹、毛刺、凹凸、翘曲、变形等缺陷。

2)连接件、支承件加工尺寸(图 2—6)允许偏差应符合表 2—4 的要求。

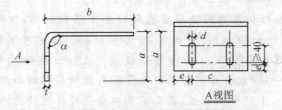

图 2—6　连接件、支承件尺寸示意图(单位:mm)

表 2—4　连接件、支承件尺寸允许偏差(单位:mm)

项　目	允许偏差	项　目	允许偏差
连接件高 a	＋5 －2	边距 e	＋1.0 0
连接件长 b	＋5 －2	壁厚 t	＋0.5 －0.2
孔距 c	±1.0	弯曲角度 α	±2°

项　目	允许偏差	项　目	允许偏差
孔宽 d	+1.0 0		

(4)钢型材立柱及横梁的加工应符合现行国家标准《钢结构工程施工质量验收规范》(GB 50205—2001)的有关规定。

(5)点支承玻璃幕墙的支承钢结构加工应符合下列要求：

1)应合理划分拼装单元。

2)管桁架应按计算的相贯线,采用数控机床切割加工。

3)钢构件拼装单元的节点位置允许偏差为±2.0 mm。

4)构件长度、拼装单元长度的允许正、负偏差均可取长度的1/2000。

5)管件连接焊缝应沿全长连续、均匀、饱满、平滑、无气泡和夹渣;支管壁厚小于 6 mm 时可不切坡口;角焊缝的焊脚高度不宜大于支管壁厚的 2 倍。

6)钢结构的表面处理应符合《玻璃幕墙工程技术规范》(JGJ 102—2003)第 3.3 节的有关规定。

7)分单元组装的钢结构,宜进行预拼装。

(6)杆索体系的加工尚应符合下列要求：

1)拉杆、拉索应进行拉断试验。

2)拉索下料前应进行调直预张拉,张拉力可取破断拉力的50％,持续时间可取 2 h。

3)截断后的钢索应采用挤压机进行套筒固定。

4)拉杆与端杆不宜采用焊接连接。

5)杆索结构应在工作台座上进行拼装,并应防止表面损伤。

(7)钢构件焊接、螺栓连接应符合现行国家标准《钢结构设计规范》(GB 50017—2003)及行业标准《建筑钢结构焊接技术规程》(JGJ 81—2002)的有关规定。

(8)钢构件表面涂装应符合现行国家标准《钢结构工程施工质量验收规范》(GB 50205—2001)的有关规定。

钢材介绍

（1）玻璃幕墙用碳素结构钢和低合金结构钢的钢种、牌号和质量等级应符合下列现行国家标准和行业标准的规定：

《碳素结构钢》（GB/T 700—2006）；《优质碳素结构钢》（GB/T 699—1999）；《合金结构钢》（GB/T 3077—1999）；《低合金高强度结构钢》（GB/T 1591—2008）；《碳素结构钢和低合金结构钢热轧薄钢板及钢带》（GB 912—2008）；《碳素结构钢和低合金结构钢热轧厚钢板及钢带》（GB/T 3274—2007）；《结构用无缝钢管》（GB/T 8162—2008）。

（2）玻璃幕墙用不锈钢材宜采用奥氏体不锈钢，且含镍量不应小于8%。不锈钢材应符合下列现行国家标准、行业标准的规定：

《不锈钢棒》（GB/T 1220—2007）；《不锈钢冷加工钢棒》（GB/T 4226—2009）；《不锈钢冷轧钢板和钢带》（GB/T 3280—2007）；《不锈钢热轧钢板和钢带》（GB/T 4237—2007）；《耐热钢板和钢带》（GB/T 4238—2007）。

（3）玻璃幕墙用耐候钢应符合现行国家标准《耐候结构钢》（GB/T 4171—2008）的规定。

（4）玻璃幕墙用碳素结构钢和低合金高强度结构钢应采取有效的防腐处理，当采用热浸镀锌防腐蚀处理时，锌膜厚度应符合现行国家标准《金属覆盖层钢铁制品热镀锌层技术要求》（GB/T 13912—2002）的规定。

（5）支承结构用碳素钢和低合金高强度结构钢采用氟碳漆喷涂或聚氨酯漆喷涂时，涂膜的厚度不宜小于35 μm；在空气污染严重及海滨地区，涂膜厚度不宜小于45 μm。

（6）点支承玻璃幕墙用的不锈钢绞线应符合现行国家标准《冷顶锻用不锈钢丝》（GB/T 4232—2009）、《不锈钢丝》（GB/T 4240—2009）、《不锈钢丝绳》（GB/T 9944—2002）的规定。

（7）点支承玻璃幕墙采用的锚具，其技术要求可按国家现行标准《预应力筋用锚具、夹具和连接器》(GB/T 14370—2007)及《预应力筋用锚具、夹具和连接器应用技术规程》(JGJ 85—2010)的规定执行。

（8）点支承玻璃幕墙的支承装置应符合现行行业标准《点支式玻璃幕墙支承装置》(JG/T 138—2010)的规定；全玻幕墙用的支承装置应符合现行行业标准《点支式玻璃幕墙支承装置》(JG 138—2010)和《吊挂式玻璃幕墙支承装置》(JG 139—2011)的规定。

（9）钢材之间进行焊接时，应符合现行国家标准《碳钢焊条》(GB/T 5117—1995)、《低合金钢焊条》(GB/T 5118—1995)以及现行行业标准《建筑钢结构焊接技术规程》(JGJ 81—2002)的规定。

【技能要点4】玻璃加工

（1）玻璃幕墙的单片玻璃、夹层玻璃、中空玻璃的加工精度应符合下列要求：

1）单片钢化玻璃，其尺寸的允许偏差应符合表2—5的要求。

表2—5　钢化玻璃尺寸允许偏差(单位：mm)

项　目	玻璃厚度	玻璃边长 $L \leqslant 2\,000$	玻璃边长 $L > 2\,000$
边　长	6,8,10,12	±1.5	±2.0
	15,19	±2.0	±3.0
对角线差	6,8.10,12	≤2.0	≤3.0
	15,19	≤3.0	≤3.5

2）采用中空玻璃时，其尺寸的允许偏差应符合表2—6的要求。

表 2—6　中空玻璃尺寸允许偏差（单位：mm）

项　目		允许偏差
边　长	$L<1\,000$	±2.0
	$1\,000\leqslant L<2\,000$	+2.0 −3.0
	$L\geqslant 2\,000$	±3.0
对角线差	$L\leqslant 2\,000$	≤2.5
	$L>2\,000$	≤3.5
厚　度	$t<17$	±1.0
	$17\leqslant t<22$	±1.5
	$t\geqslant 22$	±2.0
叠　差	$L<1000$	±2.0
	$1\,000\leqslant L<2\,000$	±3.0
	$2\,000\leqslant L<4\,000$	±4.0
	$L\geqslant 4\,000$	±6.0

3）采用夹层玻璃时，其尺寸允许偏差应符合表 2—7 的要求。

表 2—7　夹层玻璃尺寸允许偏差（单位：mm）

项　目		允许偏差
边　长	$L\leqslant 2\,000$	±2.0
	$L>2\,000$	±2.5
对角线差	$L\leqslant 2\,000$	≤2.5
	$L>2\,000$	≤3.5
叠　差	$L<1000$	±2.0
	$1\,000\leqslant L<2\,000$	±3.0
	$2\,000\leqslant L<4\,000$	±4.0
	$L\geqslant 4\,000$	±6.0

（2）玻璃弯加工后，其每米弦长内拱高的允许偏差为±3.0 mm，且玻璃的曲边应顺滑一致；玻璃直边的弯曲度，拱形时不应超过 0.5%，波形时不应超过 0.3%。

（3）全玻幕墙的玻璃加工应符合下列要求：

1）玻璃边缘应倒棱并细磨；外露玻璃的边缘应精磨。

2)采用钻孔安装时,孔边缘应进行倒角处理,并不应出现崩边。

(4)点支承玻璃加工应符合下列要求:

1)玻璃面板及其孔洞边缘均应倒棱和磨边,倒棱宽度不宜小于 1 mm,磨边宜细磨。

2)玻璃切角、钻孔、磨边应在钢化前进行。

3)玻璃加工的允许偏差应符合表 2—8 的规定。

表 2—8　点支承玻璃加工允许偏差

项　目	边长尺寸	对角线差	钻孔位置	孔　距	孔轴与玻璃平面垂直度
允许偏差	±1.0 mm	≤2.0 mm	±0.8 mm	±1.0 mm	±1.2′

4)中空玻璃开孔后,开孔处应采取多道密封措施;

5)夹层玻璃、中空玻璃的钻孔可采用大、小孔相对的方式。

(5)中空玻璃合片加工时,应考虑制作处和安装处不同气压的影响,采取防止玻璃大面变形的措施。

玻璃的简介

(1)幕墙玻璃的外观质量和性能应符合下列现行国家标准、行业标准的规定:

《建筑用安全玻璃第 2 部分:钢化玻璃》(GB 15763.2—2005)。《半钢化玻璃》(GB/T 17841—2008)。《建筑用安全玻璃第 3 部分:夹层玻璃》(GB 15763.3—2009)。《中空玻璃》(GB/T 11944—2002)。《平板玻璃》(GB 11614—2009)。《建筑用安全玻璃第 1 部分:防火玻璃》(GB 15763.1—2009)。《镀膜玻璃 第 1 部分:阳光控制镀膜玻璃》(GB/T 18915.1—2002)。《镀膜玻璃 第 2 部分:低辐射镀膜玻璃》(GB/T 18915.2—2002)。

(2)玻璃幕墙采用阳光控制镀膜玻璃时,离线法生产的镀膜玻璃应采用真空磁控溅射法生产工艺;在线法生产的镀膜玻璃应采用热喷涂法生产工艺。

(3)玻璃幕墙采用中空玻璃时,除应符合现行国家标准《中空玻璃》(GB/T 11944—2002)的有关规定外,尚应符合下列规定:

1)中空玻璃气体层厚度不应小于 9 mm。

2)中空玻璃应采用双道密封。一道密封应采用丁基热熔密封胶。隐框、半隐框和点支式玻璃幕墙用中空玻璃的二道密封胶应采用硅酮结构密封胶;明框玻璃幕墙用中空玻璃的。二道密封宜采用聚硫类中空玻璃密封胶,也可采用硅酮密封胶。二道密封应采用专用打胶机进行混合、打胶。

3)中空玻璃的间隔铝框可采用连续折弯型或插角型,不得使用热熔型间隔胶条。间隔铝框中的干燥剂宜采用专用设备装填。

4)中空玻璃加工过程应采取措施,消除玻璃表面可能产生的凹、凸现象。

(4)钢化玻璃宜经过二次热处理。

(5)玻璃幕墙采用夹层玻璃时,应采用干法加工合成,其夹片宜采用聚乙烯醇缩丁醛(PVB)胶片;夹层玻璃合片时,应严格控制温、湿度。

(6)玻璃幕墙采用单片低辐射镀膜玻璃时,应使用在线热喷涂低辐射镀膜玻璃;离线镀膜的低辐射镀膜玻璃宜加工成中空玻璃使用,其镀膜面应朝向中空气体层。

(7)有防火要求的幕墙玻璃,应根据防火等级要求,采用单片防火玻璃或其制品。

(8)玻璃幕墙的采光用彩釉玻璃,釉料宜采用丝网印刷。

(9)玻璃幕墙工程使用的玻璃,应进行厚度、边长、外观质量、应力和边缘处理情况的检验。

(10)检验玻璃的厚度,应采用下列方法:

1)玻璃安装或组装前,可用分辨率为 0.02 mm 的游标卡尺测量被检玻璃每边的中点,测量结果取平均值,修约到小数点后二位。

2)对已安装的幕墙玻璃,可用分辨率为 0.1 mm 的玻璃测厚仪在被检玻璃上随机取 4 点进行检测,取平均值,修约至小数点后一位。

(11)玻璃边长的检验,应在玻璃安装或检验以前,用分度值为 1 mm 的钢卷尺沿玻璃周边测量,取最大偏差值。

(12)玻璃外观质量的检验,应在良好的自然光或散射光照条件下,距玻璃正面约 600 mm 处,观察被检玻璃表面。缺陷尺寸应采用精度为 0.1 mm 的读数显微镜测量。

(13)玻璃应力的检验指标,应符合下列规定:

1)幕墙玻璃的品种应符合设计要求。

2)用于幕墙的钢化玻璃的表面应力为 $\sigma \geqslant 95$ MPa,半钢化玻璃的表面应力为 24 MPa$<\sigma \leqslant$69 MPa。

(14)玻璃应力的检验,应采用下列方法:

1)用偏振片确定玻璃是否经钢化处理。

2)用表面应力检测仪测量玻璃表面应力。

(15)幕墙玻璃边缘的处理,应进行机械磨边、倒棱、倒角,磨轮的目数应在 180 目以上。点支承幕墙玻璃的孔、板边缘均应进行磨边和倒棱,磨边宜细磨,倒棱宽度不宜小于 1 mm。

(16)幕墙玻璃边缘处理的检验,应采用观察检查和手试的方法。

(17)中空玻璃质量的检验指标,应符合下列规定:

1)玻璃厚度及空气隔层的厚度应符合设计及标准要求。

2)中空玻璃对角线之差不应大于对角线平均长度的 0.2%。

3)胶层应双道密封,外层密封胶胶层宽度不应小于 5 mm。半隐框和隐框幕墙的中空玻璃的外层应采用硅酮结构胶密封,胶层宽度应符合结构计算要求。内层密封采用丁基密封腻子,打胶应均匀、饱满、无空隙。

4)中空玻璃的内表面不得有妨碍透视的污迹及胶黏剂的飞溅现象。

(18)中空玻璃质量的检验,应采用下列方法:

1）在玻璃安装或组装前，以分度值为 1 mm 的直尺或分辨率为 0.05 mm 的游标卡尺在被检玻璃的周边各取两点，测量玻璃及空气隔层的厚度和胶层厚度。

2）以分度值为 1 mm 的钢卷尺测量中空玻璃两对角线长度差。

3）观察玻璃的外观及打胶质量情况。

第二节 复杂构建加工

【技能要点 1】明框幕墙组件加工

（1）明框幕墙组件加工尺寸允许偏差应符合下列要求：

1）组件装配尺寸允许偏差应符合表 2—9 的要求。

表 2—9 组件装配尺寸允许偏差（单位：mm）

项　目	构件长度	允许偏差
型材槽口尺寸	≤2 000	±2.0
	>2 000	±2.5
组件对边尺寸差	≤2 000	≤2.0
	>2 000	≤3.0
组件对角线尺寸差	≤2 000	≤3.0
	>2 000	≤3.5

2）相邻构件装配间隙及同一平面度的允许偏差应符合表 2—10 的要求。

表 2—10 相邻构件装配间隙及同一平面度的允许偏差（单位：mm）

项目	允许偏差	项目	允许偏差
装配间隙	≤0.5	同一平面度差	≤05

（2）单层玻璃与槽口的配合尺寸（图 2—7）应符合表 2—11 的要求。

表 2—11 单层玻璃与槽口的配合尺寸（单位：mm）

玻璃厚度	a	b	c
5～6	≥3.5	≥15	≥5
8～10	≥4.5	≥16	≥5
不小于 12	≥5.5	≥18	≥5

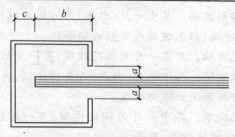

图 2—7 单层玻璃与槽口的配合示意图

（3）中空玻璃与槽口的配合尺寸（图 2—8）应符合表 2—12 的要求。

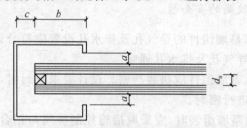

图 2—8 中空玻璃与槽口的配合示意图

表 2—12 中空玻璃与槽口的配合尺寸（单位：mm）

中空玻璃厚度	a	b	c		
			下边	上边	侧边
$6+d_a+6$	≥5	≥17	≥7	≥5	≥5
$8+d_a+8$ 及以上	≥6	≥18	≥7	≥5	≥5

注：d_a 为空气层厚度，不应小于 9 mm。

中空玻璃介绍

(1)高透明无色玻璃。两片玻璃为无色透明玻璃。

(2)彩色吸热玻璃。其中一片为彩色吸热玻璃,一片为无色高透明吸热玻璃,也可以两片全是彩色玻璃。

(3)热反射玻璃。其中一片(外层)为热反射玻璃,另一片可是无色高透明玻璃或吸热玻璃。

(4)低辐射玻璃。其中一片(内层)为低辐射玻璃,另一片可以是高透明玻璃、彩色玻璃或吸热玻璃等。

(5)压花玻璃。其中一片为压花玻璃,另一片任选。

(6)夹丝玻璃。其中一片(内层)为夹丝玻璃,另一片可任选其他玻璃,可提高安全防火性能。

(7)钢化玻璃。其中一片为钢化玻璃,另一片任意选定,也可以全由钢化玻璃组成,提高安全性。

(8)夹层玻璃。其中一片(内层)为夹层玻璃,另一片可任意选定,具有较高的安全性。

(4)明框幕墙组件的导气孔及排水孔设置应符合设计要求,组装时应保证导气孔及排水孔通畅。

(5)明框幕墙组件应拼装严密。设计要求密封时,应采用硅酮建筑密封胶进行密封。

(6)明框幕墙组装时,应采取措施控制玻璃与铝合金框料之间的间隙。玻璃的下边缘应采用两块压模成型的氯丁橡胶垫块支承。

【技能要点 2】隐框幕墙组件加工

(1)半隐框、隐框幕墙中,对玻璃面板及铝框的清洁应符合下列要求:

1)玻璃和铝框黏结表面的尘埃、油渍和其他污物,应分别使用带溶剂的擦布和干擦布清除干净。

2)应在清洁后 1 h 内进行注胶;注胶前再度污染时,应重新清洁。

3)每清洁一个构件或一块玻璃,应更换清洁的干擦布。

(2)使用溶剂清洁时,应符合下列要求:

1)不应将擦布浸泡在溶剂里,应将溶剂倾倒在擦布上。

2)使用和贮存溶剂,应采用干净的容器。

3)使用溶剂的场所严禁烟火。

4)应遵守所用溶剂标签或包装上标明的注意事项。

(3)硅酮结构密封胶注胶前必须取得合格的相容性检验报告,必要时应加涂底漆;双组分硅酮结构密封胶尚应进行混匀性蝴蝶试验和拉断试验。

(4)采用硅酮结构密封胶黏结板块时,不应使结构胶长期处于单独受力状态。硅酮结构密封胶组件在固化并达到足够承载力前不应搬动。

硅酮结构密封胶简介

(1)分类和标记。

1)型别。

产品按组成分单组分型和双组分型,分别用数字 1 和 2 表示。

2)适用基材类别。

按产品适用的基材分类,代号表示以下:

类别代号	适用的基材
M	金属
G	玻璃
Q	其他

3)产品标记。

产品按型别、适用基材类别、本标准号顺序标记。示例:适用于金属、玻璃的双组分硅酮结构胶标记为 2MGGB 16776—2005。

(2)要求。

外观。

　　1)产品应为细腻、均匀膏状物,无气泡、结块、凝胶、结皮,无不易分散的析出物。

　　2)双组分产品两组分的颜色应有明显区别。

　　(5)隐框玻璃幕墙装配组件的注胶必须饱满,不得出现气泡,胶缝表面应平整光滑;收胶缝的余胶不得重复使用。

　　(6)硅酮结构密封胶完全固化后,隐框玻璃幕墙装配组件的尺寸偏差应符合表 2—13 的规定。

表 2—13　结构胶完全固化后隐框玻璃幕墙
组件的尺寸允许偏差(单位:mm)

序号	项　目	尺寸范围	允许偏差
1	框长宽尺寸	—	±1.0
2	组件长度尺寸	—	±2.5
3	框接缝高度差	—	≤0.5
4	框内侧对角线差及组件对角线差	当长边≤2 000 时 当长边>2 000 时	≤2.5 ≤3.5
5	框组装间隙	—	≤0.5
6	胶缝宽度	—	+2.0 0
7	胶缝厚度	—	+0.5 0
8	组件周边玻璃与铝框位置差	—	±1.0
9	结构组件平面度	—	≤3.0
10	组件厚度	—	±1.5

　　(7)当隐框玻璃幕墙采用悬挑玻璃时,玻璃的悬挑尺寸应符合计算要求,且不宜超过 150 mm。

【技能要点3】单元式玻璃幕墙构件加工

(1)单元式玻璃幕墙在加工前应对各板块编号,并应注明加工、运输、安装方向和顺序。

(2)单元板块的构件连接应牢固,构件连接处的缝隙应采用硅酮建筑密封胶密封。

(3)单元板块的吊挂件、支撑件应具备可调整范围,并应采用不锈钢螺栓将吊挂件与立柱固定牢固,固定螺栓不得少于2个。

(4)单元板块的硅酮结构密封胶不宜外露。

(5)明框单元板块在搬动、运输、吊装过程中,应采取措施防止玻璃滑动或变形。

(6)单元板块组装完成后,工艺孔宜封堵,通气孔及排水孔应畅通。

(7)当采用自攻螺钉连接单元组件框时,每处螺钉不应少于3个,螺钉直径不应小于4 mm。螺钉孔最大内径、最小内径和拧入扭矩应符合表2—14的要求。

表2—14　螺钉孔内径和扭矩要求

螺钉公称直径(mm)	孔 径(mm)		扭 矩(N·m)
	最 小	最 大	
4.2	3.430	3.480	4.4
4.6	4.015	4.065	6.3
5.5	4.735	4.785	10.0
6.3	5.475	5.525	13.6

(8)单元组件框加工制作允许偏差应符合表2—15的规定。

表2—15　单元组件框加工制作允许尺寸偏差

序号	项 目		允许偏差	检查方法
1	框长(宽)度 (mm)	≤2 000	±1.5 mm	钢尺或板尺
		>2 000	±2.0 mm	

序号	项　目		允许偏差	检查方法
2	分格长(宽)度 (mm)	≤2 000	±1.5 mm	钢尺或板尺
		>2 000	±2.0 mm	
3	对角线长度差 (mm)	≤2 000	≤2.5 mm	钢尺或板尺
		>2 000	≤3.5 mm	
4	接缝高低差		≤0.5 mm	游标深度尺
5	接缝间隙		≤0.5 mm	塞　片
6	框面划伤		≤3 处,且总长≤100 mm	—
7	框料擦伤		≤3 处,且总面积≤200 mm²	—

(9)单元组件组装允许偏差应符合表 2—16 的规定。

表 2—16　单元组件组装允许偏差

序号	项　目		允许偏差(mm)	检查方法
1	组件长度、宽度(mm)	≤2 000	±1.5	钢　尺
		>2 000	±2.0	
2	组件对角线长度差(mm)	≤2 000	≤2.5	钢　尺
		>2 000	≤3.5	
3	胶缝宽度		+1.0 0	卡尺或钢板尺
4	胶缝厚度		+0.50	卡尺或钢板尺
5	各搭接量(与设计值比)		+1.00	钢板尺
6	组件平面度		≤1.5	1 m 靠尺
7	组件内镶板间接缝宽度(与设计值比)		±1.0	塞　尺
8	连接构件竖向中轴线距组件外表面 (与设计值比)		±1.0	钢　尺
9	连接构件水平轴线距 组件水平对插中心线		±1.0(可上、 下调节时±2.0)	钢　尺

序号	项　　目	允许偏差(mm)	检查方法
10	连接构件竖向轴线距组件竖向对插中心线	±1.0	钢尺
11	两连接构件中心线水平距离	±1.0	钢尺
12	两连接构件上、下端水平距离差	±0.5	钢尺
13	两连接构件上、下端对角线差	±1.0	钢尺

【技能要点4】玻璃幕墙构件检验

(1)玻璃幕墙构件应按构件的5‰进行随机抽样检查,且每种构件不得少于5件。当有一个构件不符合要求时,应加倍抽查,复检合格后方可出厂。

(2)产品出厂时,应附有构件合格证书。

第三章 金属板和石材加工、半成品的保护

第一节 金属板加工

【技能要点 1】单层铝板加工

单层铝板加工方法,见表 3—1。

表 3—1 单层铝板加工方法

项 目	内 容
选 料	单层铝板的基材应优先选用 3×××系列或 5×××单层铝板如 3003H14(H24)、3A21H14(H24)、5005H14(H24)、5754H12(H22)、H14(H24)等牌号单层铝板,其质量应符合《铝幕墙板板基》(YS/T 429.1—2000)的规定。外表面要进行氟碳涂漆处理,目前有三种涂漆工艺可供择用,即辊涂(一般采用 5754)、喷涂和贴膜。辊涂一般为二涂,喷涂可采用二涂、三涂、四涂,其质量应符合《铝幕墙板氟碳喷漆铝单板》(YS/T 429.2—2000)和《建筑用铝型材、铝板氟碳涂层》(JG/T 133—2000)的规定,内表面可采用树脂漆一涂。喷涂后与采用的基材相对应的牌号和状态代号为 3003H44、3A21A44、5005H44、5754H42(H44)
加 工	(1)辊涂板用剪板机裁切后,用冲床冲孔(槽、豁、榫)后折边成型。 　　(2)喷涂板是将基材(光板)用剪板机裁切后用冲床冲孔(槽、豁、榫)后折边成型,再喷涂。 　　(3)当采用耳子连接时,耳子与折边的连接可采用焊接、铆接,也可直接将铝板冲压而成。铝板两侧耳子宜错位,以达到装在一根杆件上的两块铝板的耳子不重叠,折边(耳子)上的孔中心到板边缘距离。 　　1)顺内力方向不小于 $2d$; 　　2)垂直内力方向不小于 $1.5d$。 　　(4)当采用加筋肋时,加筋肋必须和折边可靠连接,连接一般采用角铝铆接(螺接)将加筋肋与折边固定。 　　(5)金属板材料加工允许偏差应符合表 3—2 的规定

表 3—2　金属板材加工允许偏差（单位：mm）

序号	项　目		允许偏差
1	边　长	≤2 000	±2.0
		>2 000	±2.5
2	对边尺寸	≤2 000	≤2.5
		>2 000	≤3.0
3	对角线长度	≤2 000	2.5
		>2 000	3.0
4	折弯高度		≤1.0
5	折边与板平面交角角度		±1°
6	平面度		≤2/1 000
7	孔的中心距		±1.5
8	耳子位置		±1.5
9	肋位置		±1.5

【技能要点 2】复合铝板加工

复合铝板加工的方法，见表 3—3。

表 3—3　复合铝板加工的方法

项　目	内　容
选　料	复合铝板应选用符合《建筑幕墙用铝塑复合板》（GB/T 17748—2008)要求的外墙铝塑板，表面涂层应为氟碳树脂型。铝塑复合板所用铝材应符合《铝塑复合板用铝带》（YS/T 432—2000)规定的防锈铝，即 3003H16（H26）、H14（H24），其厚度不小于 0.5 mm
加　工	复合铝板四周要折边，折边前要在四角部位冲切掉与折边等高的四边形，折边前应对折边部位刻槽，刻槽宜采用刻槽机刻槽，当采用手提刻槽机刻槽时，应采用通常靠尺，即刻槽时不能使用短靠尺一段段移动，并应控制槽的深度，槽底不得触及板面，即保 0.3～0.5 mm 塑料，以防刀具划伤外层铝板内表面，两槽间间距偏差不得大于 1 mm，不应显现蛇形弯。加工过程严禁与水接触，对孔、切口及角部位用密封胶密封

【技能要点3】蜂窝铝板加工

蜂窝铝板加工的方法,见表3—4。

表3—4 蜂窝铝板加工的方法

项 目	内 容
选料	蜂窝铝板一般选用面板为3003H19T＝1 mm表面氟碳喷涂防锈铝板(底板表面处理为保护性涂饰),铝蜂窝芯用3003H19,铝箔T＝0.05～0.07,蜂窝边长为3/16″(1/4″,3/8″,3/4″,1″)。蜂窝板厚度可根据需要选用6 mm,10 mm,15 mm或20 mm厚。不能使用纸蜂窝蜂窝铝板。其性能应符合国家现行标准的有关规定及设计要求
加工	(1)切割蜂窝芯复合板能很容易地切割到所需尺寸,常用的锯子是带锯或带有硬质合金刀的盘锯,几块板同步切割可以很快的提高效率。 带锯和线切割可以完成精密切割,使用切割机、金属加工铣床、龙门铣床(不推荐使用闸刀式剪切机)可使加工衔接面平滑美观。 (2)滚弯。铝蜂窝芯复合板可以用适当的小半径滚弯机滚弯,例如韧性胶接的10 mm厚铝蜂窝板半径不小于500 mm;对于6 mm厚铝蜂窝板滚弯半径不小于200 mm,三轴滚弯机可以更大的弯曲半径进行板弯曲,弯曲角度取决于辊子直径及辊直径,但会在圆弧的起始和终止部分出现75～100 mm的平直部分,如觉得不美观,那就要截去这一部分或者用扎压床把这部分扎弯。 (3)折弯(图3—1)。铝蜂窝复合板折弯还可应用扎弯技术(图3—2),扎弯时在背面应加工出U形槽,用以下几种折弯方法。 1)用扎压床同时扎压背面折弯。 图3—1 折弯

续上表

项 目	内　　容
加工	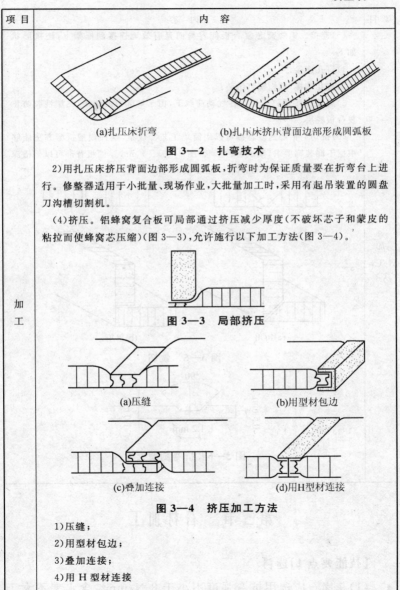

(a)扎压床折弯　　　　　　(b)扎压床挤压背面边部形成圆弧板

图3—2　扎弯技术

2)用扎压床挤压背面边部形成圆弧板,折弯时为保证质量要在折弯台上进行。修整器适用于小批量、现场作业,大批量加工时,采用有起吊装置的圆盘刀沟槽切割机。

(4)挤压。铝蜂窝复合板可局部通过挤压减少厚度(不破坏芯子和蒙皮的粘拉而使蜂窝芯压缩)(图3—3),允许施行以下加工方法(图3—4)。

图3—3　局部挤压

(a)压缝　　　　　　　　　(b)用型材包边

(c)叠加连接　　　　　　　(d)用H型材连接

图3—4　挤压加工方法

1)压缝;

2)用型材包边;

3)叠加连接;

4)用H型材连接

续上表

项目	内 容
加工	（5）连接。铝蜂窝芯复合板能容易而且有效地连接到框架上，连接形状如下： 1）盲孔连接； 2）盲孔铆接，螺帽螺钉组装； 3）旋压螺纹螺钉组装。在气动荷载下，由于局部力的作用，热塑性胶防止复合板脱层。 （6）铣切。铝蜂窝复合板可以用简单工艺冷成型，这种刻槽折弯方法能够根据不同装饰要求，制成各种形状（图3—5）。1 mm厚面板背部可以刻槽深0.5 mm，槽底宽1.2 mm，向上呈90°展开（图3—6）。 (a)折角　　　　　　　(b)包角 **图3—5　铣切** **图3—6　折弯刻槽大样**

第二节　石材加工

【技能要点1】选料

（1）花岗石应选用抗弯强度不小于 8 N/mm²，含水率不大于

0.6%，放射性核素限量为(A、B、C)级的石材，填缝用密封胶应选用符合国家现行相关规范要求的产品。

(2)微晶玻璃应选用符合《建筑装饰用微晶玻璃》(JC/T 872—2000)的要求，并经抗急冷急热试验合格，放射性核素限量为(A、B、C)级的产品。

(3)瓷板应选用符合《建筑幕墙用瓷板》(JG/T 217—2007)的要求，放射性核素限量为(A、B、C)级的产品。

石材的介绍

(1)石材科学的分类方法应该是根据石材的地质组成来划分的，从地质学的角度来看，地壳土层中的岩石分为下列三类。

1)火成岩。这些岩石从热的熔化材料中形成，花岗石和玄武岩是火成岩的两种类型。

2)沉积岩。这些岩石起源于其他岩石的碎片和残骸，这些碎片在水、风、重力及冰等各种因素的作用下移动到一个由沉积物形成的盆地中沉积，沉积物压缩和胶结后形成坚硬的沉积岩。沉积岩由其他岩石中丰富的物质所组成，石灰岩、砂岩以及凝灰石是沉积岩中的三类型。

3)变质岩。这些岩石形成于其他已经存在的岩石在受热或压力作用下进行的结晶或重结晶。大理石、板页岩和石英岩是变质岩中的三种类型。

幕墙石材宜选用火成岩，石材吸水率应小于0.8%。石材表面应采用机械进行加工，加工后的表面应用高压水冲洗或用水和刷子清理，严禁用溶剂型的化学清洁剂清洗石材。

(2)石材幕墙所选用的材料应符合下列现行国家产品标准的规定，同时应有出厂合格证，材料的物理力学及耐候性能应符合设计要求。

【技能要点 2】加工

1. 钢销式

钢销与托板（弯板）的允许偏差应符合《干挂饰面石材及其金属挂件第 2 部分：金属挂件》（JC830.2—2005）的规定。

石材钢销孔开孔允许偏差见表 3—5。

表 3—5　石材钢销孔开孔允许偏差（单位：mm）

序　号	项　目	允许偏差	序　号	项　目	允许偏差
1	孔径	±0.5	3	孔距	±1.0
2	孔位	±0.5	4	孔垂直度	孔深/50

注：孔位与孔距偏差之和不得大于±1.0。

2. 通槽（短平槽）式

开槽质量控制是保证设计落实的重要措施，设计即使做得准确完整，在施工时不进行质量控制，也不能取得好的效果。

用砂轮开槽要以外表面为定位基准，在施工时要在专用设备上开槽，用手提式砂轮要在施工机具上设定厚片以保证槽与外表面平行等距，如图 3—7、图 3—8 和图 3—9 所示。

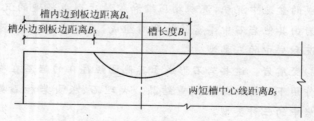

图 3—7　砂轮开槽定位基准图

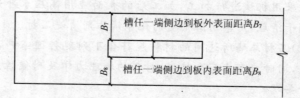

图 3—8　短槽式开槽允许偏差（一）

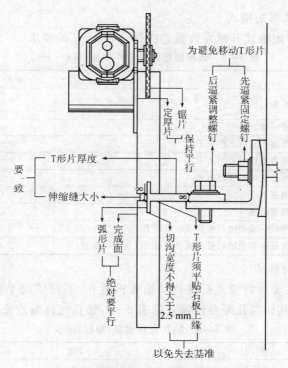

图 3—9　短槽式开槽允许偏差(二)

通槽(短平槽)开槽允许偏差见表 3—6。

表 3—6　通槽(短平槽)开槽允许偏差(单位:mm)

序号	项　目	允许偏差
1	槽　宽	±0.5
2	槽任一端侧边到板外表面距离	±0.5
3	槽任一端侧边到板内表面距离(含板厚偏差)	±1.5
4	槽深角度偏差	槽深/20
5	(短平槽)槽长(槽底处)	±2.0
6	两(短平槽)槽中心线距离	±2.0
7	(短平槽)外边到板端边距离	±2.0
8	(短平槽)内边到板端边距离	±3.0

3. 弧形短槽式

弧形短槽式开槽允许偏差应符合表 3—7 的要求。

表 3—7　弧形短槽开槽允许偏差(单位:mm)

序 号	项　　目	允许偏差
1	砂轮直径	$+1$ -2
2	槽长度 B_1	± 2
3	槽外边到板边距离 B_3	± 2
4	槽内边到板边距离 B_4	± 3
5	两短槽中心线距离 B_5	± 2
6	槽宽 B_6	± 0.5
7	槽深角度	矢高/20
8	槽任一端侧边到板外表面距离 B_7	± 0.5
9	槽任一端侧边到板内表面距离 B_8(含板厚偏差)	± 1.5

4. 背栓式

钻孔要用背栓式石材自动钻孔机钻孔,不宜采用手提式钻孔机钻孔,孔位与孔距允许偏差见表 3—5,钻孔允许偏差见表 3—8。

表 3—8　钻孔允许偏差(单位:mm)

序号	项　目	M6	M8	M10—12
1	d_z(允差为 $+0.4,-0.2$)	$\phi 11$	$\phi 13$	$\phi 15$
2	d_h(允差为 ± 0.3)	$\phi(13.5 \pm 0.3)$	$\phi(15.5 \pm 0.3)$	$\phi(18.5 \pm 0.3)$
3	H_V(允差为 $+0.4,-0.1$)	10,12,15,18,21	15,18,21,25	5,18,21,25

第三节　半成品的保护

【技能要点 1】保护方法

(1)护,就是提前保护。如为了防止玻璃面、铝型材污染或挂花,在其上贴一保护膜等。

(2)包,就是进行包裹,以防损坏或污染,如幕墙组件在运往施工现场的过程中进行的包装等。

（3）盖，就是表面覆盖，防止损伤和污染。

（4）封，就是局部封闭，防止损伤和污染。

【技能要点2】保护措施

1. 加工制作阶段的保护措施

（1）型材加工、存放所需台架等均垫木方或胶垫等软质物。

（2）型材周转车、工器具等，凡与型材接触部位均以胶垫防护，不允许型材与钢质构件或其他硬质物品直接接触。

（3）玻璃周转用玻璃架，玻璃架上采取垫胶垫等防护措施。

（4）玻璃加工平台需平整，并垫以毛毡等软质物。

（5）型材与钢架之间垫软质物隔离。

2. 产品包装阶段的保护措施

（1）产品经检查及验收合格后，方可进行包装。

（2）包装工人按规定的方法和要求对产品进行包装。

（3）型材包装应尽量将同种规格的包装在一起，防止型材端部毛刺划伤型材表面。

（4）型材包装前应将其表面及腔内铝屑擦净，防止划伤。

（5）型材包装采用先贴保护胶带，然后外包带塑料膜的牛皮纸的方法。

（6）工人在包装过程中发现型材变形、表面划伤、气泡、腐蚀等缺陷或在包装其他产品时发现质量问题应及时向检验人员提出。

（7）产品在包装及搬运过程中应避免装饰表面的磕碰、划伤。

（8）对于截面尺寸较大的型材（竖框、横框、窗框、斜杆等）即最大一侧表面尺寸宽40 mm左右的，采用保护胶带粘贴型材表面，然后进行外包装。

（9）对于截面尺寸较小的型材（各种副框）应视具体尺寸用编织带成捆包装。

（10）不同规格、尺寸、型号的型材不能包装在一起。

（11）对于组框后的窗或副框等尺寸较小者可用纺织带包裹，避免相互擦碰。

（12）包装应严密牢固，避免在周转运输中散包。

　　(13)产品包装时,在外包装上用毛笔写明或用其他方法注明产品的名称、代号、规格、数量、工程名称等。

　　(14)包装完成后,如不能立即装车发送现场,要放在指定地点,并且摆放整齐。

第四章 幕墙制作工安全操作

第一节 环境职业健康安全规程

【技能要点1】幕墙环境职业健康安全规程

(1)施工中应做到活完脚下清,包装材料、下脚料应集中存放,并及时回收利用或消纳。

(2)防火、保温、油漆及胶类材料应符合环保要求,现场应封闭保存,使用后不得随意丢弃,避免污染环境。

(3)施工中使用的各种电动工机具及电气设备,应符合国家现行标准《施工现场临时用电安全技术规范》(JGJ 46—2005)的规定。

(4)施工前对操作人员应进行安全教育,经考试合格后方可上岗操作。

(5)进入施工现场应戴安全帽,高处作业时应系好安全带,特殊工种操作人员必须持证上岗,各种机具、设备应设专人操作。

(6)每班作业前应对脚手架、操作平台、吊装机具的可靠性进行检查,发现问题及时解决。

(7)进行焊接作业时,应严格执行现场用火管理制度,现场高处焊接时,下方应设防火斗,并配备灭火器材,防止发生火灾。

(8)高空作业时,严禁上、下抛掷工具、材料及下脚料。

(9)雨、雪天和4级以上大风天气,严禁进行幕墙安装施工及吊运材料作业。

(10)防火、保温材料施工的操作人员,应戴口罩,穿防护工作服。

(11)幕墙安装施工的安全措施除应符合现行行业标准《建筑施工高处作业安全技术规范》(JGJ 80—1991)的规定外,还应遵守施工组织设计确定的各项要求。

(12)安装幕墙用的施工机具和吊篮在使用前应进行严格检查,符合规定后方可使用。

(13)工程的上下部交叉作业时,结构施工层下方应采取可靠的安全防护措施。

(14)脚手板上的废弃杂物应及时清理,不得在窗台、栏杆上放置施工工具。

(15)框支承玻璃幕墙包括明框和隐框两种形式,是目前玻璃幕墙工程中应用最多的,本条规定是为了幕墙玻璃在安装和使用中的安全。安全玻璃一般指钢化玻璃和夹层玻璃。

斜玻璃幕墙是指和水平面的交角小于 90°、大于 75°的幕墙,其玻璃破碎容易造成比一般垂直幕墙更严重的后果。即使采用钢化玻璃,其破碎后的颗粒也会影响安全。夹层玻璃是不飞散玻璃,可对人流等起到保护作用,宜优先采用。

(16)点支承玻璃幕墙的面板玻璃应采用钢化玻璃及其制品,否则会因打孔部位应力集中而致使强度达不到要求。

(17)采用玻璃肋支承的点支承玻璃幕墙,其玻璃肋属支承结构,打孔处应力集中明显,强度要求较高;另一方面,如果玻璃肋破碎,则整片幕墙会塌落。所以,应采用钢化夹层玻璃。

(18)人员流动密度大、青少年或幼儿活动的公共场所的玻璃幕墙容易遭到挤压或撞击;其他建筑中,正常活动可能撞击到的幕墙部位亦容易造成玻璃破坏。为保证人员安全,这些情况下的玻璃幕墙应采用安全玻璃。对容易受到撞击的玻璃幕墙,还应设置明显的警示标志,以免因误撞造成危害。

(19)虽然玻璃幕墙本身一般不具有防火性能,但是它作为建筑的外围护结构,是建筑整体中的一部分,在一些重要的部位应具有一定的耐火性,而且应与建筑的整体防火要求相适应。防火封堵是目前建筑设计中应用比较广泛的防火、隔烟方法,是通过在缝隙间填塞不燃或难燃材料或由此形成的系统,以达到防止火焰和高温烟气在建筑内部扩散的目的。

防火封堵材料或封堵系统应经过国家认可的专业机构进行测

试,合格后方可应用于实际幕墙工程。

(20)耐久性、变形能力、稳定性是防火封堵材料或系统的基本要求,应根据缝隙的宽度、缝隙的性质(如是否发生伸缩变形等)、相邻构件材质、周边其他环境因素以及设计要求,综合考虑,合理选用。一般而言,缝隙大、伸缩率大、防火等级越高,则对防火封堵材料或系统的要求越高。

(21)玻璃幕墙的防火封堵构造系统有许多有效的做法,但无论何种方法,构成系统的材料都应具备设计规定的耐火性能。

(22)本条文内容参照现行国家标准《高层民用建筑设计防火规范》(GB 50045—1995),增加了有关防火玻璃裙墙的内容。计算实体裙墙的高度时,可计入钢筋混凝土楼板厚度或边梁高度。

(23)本条内容参照现行国家标准《高层民用建筑设计防火规范》(GB 50045—1995),增加了一些具体的构造做法。幕墙用防火玻璃主要包括单片防火玻璃,以及由单片防火玻璃加工成的中空玻璃、夹层玻璃等。

(24)为了避免两个防火分区因玻璃破碎而相通,造成火势迅速蔓延,规定同一玻璃板块不宜跨越两个防火分区。

(25)玻璃幕墙是附属于主体建筑的围护结构,幕墙的金属框架一般不单独作防雷接地,而是利用主体结构的防雷体系,与建筑本身的防雷设计相结合,因此要求应与主体结构的防雷体系可靠连接,并保持导电通畅。

通常,玻璃幕墙的铝合金立柱,在不大于 10 m 范围内宜有一根柱采用柔性导线上、下连通,铜质导线截面积不宜小于 25 mm²,铝质导线截面积不宜小于 30 mm²。

在主体建筑有水平均压环的楼层,对应导电通路立柱的预埋件或固定件应采用圆钢或扁钢与水平均压环焊接连通,形成防雷通路,焊缝和连线应涂防锈漆。扁钢截面不宜小于 5 mm×40 mm,圆钢直径不宜小于 12 mm。兼有防雷功能的幕墙压顶板宜采用厚度不小于 3 mm 的铝合金板制造,压顶板截面不宜小于 70 mm²(幕墙高度不小于 150 m 时)或 50 mm²(幕墙高度小于

150 m时)。幕墙压顶板体系与主体结梅屋顶的防雷系统有效的连通。

第二节 其他相关安全操作规程

【技能要点1】临边作业的安全防护要求

1. 对临边高处作业,必须设防护措施,并符合下列要求:

(1)首层墙高度超过 3.2 m 的二层楼面周边,以及无外脚手架的高度超过 3.2 m 楼层周边,必须在外围架设安全平网一道。

(2)井架与施工用电梯和脚手架等与建筑物通道的两侧边。必须设防护栏杆。地面通道上部应装设安全防护棚。双笼井架通道中间,应予封闭。

(3)分层施工的楼梯口和梯段边,必须安装临时护栏。顶层楼梯口应随工程结构进度安装正式防护栏杆。

(4)基坑周边,尚未安装栏杆或栏板的阳台、料台与挑平台两边,雨篷与挑檐边,无外脚手的屋面与楼层周边及水箱与水塔周边等处,都必须设置防护栏杆。

(5)各种垂直运输接料平台,除两侧设防护栏杆外,平台口还应设置安全门或活动防护栏杆。

2. 搭设临边防护栏时,必须符合下列要求:

(1)栏杆柱的固定应符合下列要求:

1)当在混凝土楼面、屋面和墙面固定时,可用预埋件与钢管或钢筋焊牢。采用竹、木栏杆时,可在预埋件上焊接 30 cm 长的∟50 mm×5 mm 角钢,其上下各钻一孔,然后用 10 mm 螺栓与竹、木杆件拴牢。

2)当在基坑四周固定时,可采用钢管并打入地面 50～70 cm深。钢管离边口的距离,不应小于 50 cm。当基坑周边采用板桩时,钢管可打在板桩外侧。

3)当在砖或砌块等砌体上固定时,可预先砌入规格相适应的80 mm×6 mm 弯转扁钢作预埋铁的混凝土块,然后用上述方法固定。

（2）栏杆柱的固定及其与横杆的连接，其整体构造应使防护栏杆在上杆任何地方，能经受任何方向的 1 000 N 外力。当栏杆所处位置有发生入群拥挤、车辆冲击或物件碰撞等可能时，应加大横杆截面或加密柱距。

（3）防护栏杆必须自上而下用安全立网封闭，或在栏杆下边设置严密固定的高度不低于 18 cm 的挡脚板或 40 cm 的挡脚笆。挡脚板与挡脚笆上如有孔眼，不应大于 25 mm。板与笆下边距离底面的空隙不应大于 10 mm。

（4）防护栏杆应由上、下两道横杆及栏杆柱组成，上杆离地面高度为 1.0～1.2 m，下杆离地面高度为 0.5～0.6 m。坡度大于 1：2.2 的屋面，防护栏杆应高 1.5 m，并加挂安全网。除经设计计算外，横杆长度大于 2 m 时，必须加设栏杆柱。

接料平台两侧的栏杆，必须自上而下加挂安全立网或满扎竹笆。

（5）当临边的外侧面临街道时，除设防护栏杆外，敞口立面必须满挂安全网或采取其他可靠措施作全封闭处理。

【技能要点 2】高处作业的安全防护要求

（1）单位工程施工负责人应对工程的高处作业安全技术负责并建立相应的责任制。施工前，应逐级进行安全技术教育及交底，落实所有安全技术措施并配备人身防护用品，未经落实时不得进行施工。

（2）施工中对高处作业的安全技术设施，发现有缺陷和隐患时，必须及时解决；危险人身安全的，必须停止作业。

（3）高处作业中的安全标志、工具、仪表、电气设施和各种设备，必须在施工前加以检查，确认其完好，方能投入使用。

（4）雨天和雪天进行高处作业时，必须采取可靠的防滑、防寒和防冻措施。有水、冰、霜时均应及时清除。对进行高处作业的高耸建筑物。应事先设置避雷设施。遇有 6 级以上大风、浓雾等恶劣气候时，不得进行露天攀登与悬空高处作业，暴风雪及台风暴雨后,应对高处作业安全设施逐一加以检查,发现有松动、变形、损坏或脱落等现象,应立即修理完善。

(5)施工作业场所所有可能坠落的物件,应一律先行撤除或加以固定。

高处作业中所用的物料。均应堆放平稳,以保障通行和装卸。工具应随手放入工具袋;作业中的走道、通道板和登高用具,应随时清扫干净;拆卸下的物件及余料和废料均应及时清理运走,不得随意乱置或向下丢弃;传递物件禁止抛掷。

(6)防护棚搭设与拆除时,应设警戒区,并应派专人监护。严禁上下同时拆除。

(7)因作业必需,临时拆除或变动安全防护设施时,必须经施工负责人同意,并采取相应的可靠措施,作业后应立即恢复。

(8)高处作业的安全技术措施及其所需料具,必须列入工程的施工组织设计。

(9)攀登和悬空高处作业人员以及搭设高处作业安全设施的人员,必须经过专业技术培训及专业考试合格,持证上岗,并必须定期进行体格检查。

(10)高处作业中安全设施的主要受力杆件,力学计算按一般结构力学公式,强度及挠度计算按现行有关规范进行,但钢受弯构件的强度计算不考虑塑性影响,构造上应符合现行相应规范的要求。

【技能要点3】施工现场临时用电的要求

1. 电工及用电人员

(1)临时用电工程应定期检查,并应复查接地电阻值和绝缘电阻值。

(2)临时用电工程定期检查应按分部、分项工程进行,对安全隐患必须及时处理,并应履行复查验收手续。

(3)安装、巡检、维修或拆除临时用电设备和线路,必须由电工完成,并应有人监护。电工等级应同工程的难易程度和技术复杂性相适应。

（4）电工必须经过国家现行标准考核合格后，持证上岗工作；其他用电人员必须通过相关安全教育培训和技术交底，考核合格后方可上岗工作。

（5）各类用电人员应掌握安全用电基本知识和所用设备的性能，并应符合下列要求：

1）保管和维护所用设备，发现问题及时报告解决。

2）移动电气设备时，必须经电工切断电源并做妥善处理后进行。

3）暂时停用设备的开关箱必须分断电源隔离开关，并应关门上锁。

4）使用电气设备前必须按规定穿戴和配备好相应的劳动防护用品，并应检查电气装置和保护设施，严禁设备带"缺陷"运转。

2. 电气设备防护

电气设备设置场所应能避免物体打击和机械损伤，否则应做防护处置；电气设备现场周围不得存放易燃易爆物、污源和腐蚀介质。否则应予清除或做防护处置，其防护等级必须与环境条件相适应。

参考文献

[1] 中国建筑科学研究院．GB 50210—2001 建筑装饰装修工程质量验收规范[S]．北京：中国建筑工业出版社，2002．

[2] 中国建筑科学研究院，中华人民共和国建设部．JGJ 102—2003 玻璃幕墙工程技术规范[S]．北京：中国建筑工业出版社，2003．

[3] 中华人民共和国建设部，中国建筑科学研究院．JGJ 133—2001 金属与石材幕墙工程技术规范[S]．北京：中国建筑工业出版社，2001．

[4] 《建筑施工手册》编写组．《建筑施工手册(第四版)第 3 分册》[M]．北京：中国建筑工业出版社，2003．

[5] 中国建筑装饰协会培训中心．《建筑装饰装修幕墙工》[M]．北京：中国建筑工业出版社，2003．

[6] 张芹、黄拥军．《金属与石材幕墙工程实用技术》[M]．北京：机械工业出版社，2005．